浪花朵朵

“算出”数学思维 世界奇观

<=~±÷

Wonders of the World

[英]希拉里·科尔 [英]史蒂夫·米尔斯 著
郑禹 译

海峡出版发行集团 | 海峡书局

目录

算一算

你需要为一本介绍世界奇观的旅行指南收集信息，好好利用这次难得的机会，展示你的数学才能吧！

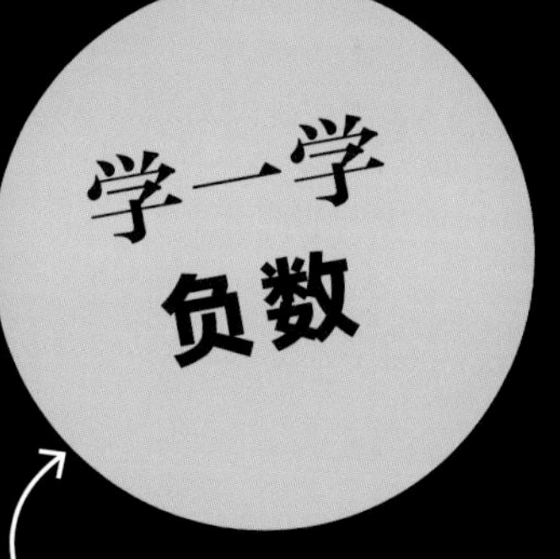

这个部分将带你了解完成各项任务所需的数学思维。

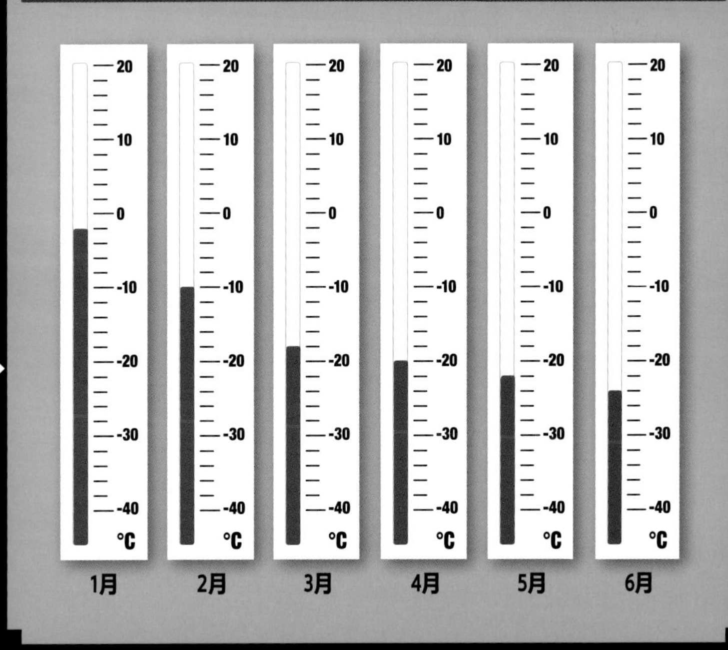

这部分运用实际例子来检验你刚刚学到的数学知识。

参考答案

这里给出了“算一算”部分的答案。翻到第 28—31 页就可验证答案。

在本书中，有些问题需要借助计算器来解答。可以询问老师或者查阅资料，了解怎样使用计算器。

你需要准备哪些文具？

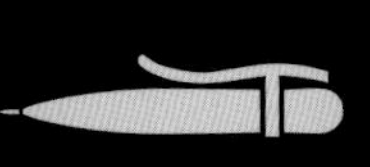

笔

笔记本

任务一

埃及金字塔

你的第一站来到了埃及，这里的沙漠中耸立着三座巨大的棱锥形金字塔，它们建造于 4000 多年前。你的任务是记录它们的各项数据信息。

学一学 棱锥、展开图和表面积

棱锥是由一个多边形底面和几个三角形侧面组成的立体图形。正四棱锥的底面是正方形，侧面有四个三角形。棱锥中各个侧面的公共顶点叫棱锥的顶点。

顶点

底边

展开图是一个平面图形，能通过折叠围成一个立体图形。正四棱锥的展开图由连接在一起的一个正方形和四个三角形组成。同一个正四棱锥，如果按照不同的方式展开，能得到不同的展开图，右图是其中的一种。

长方形面积的计算方法是长乘宽；正方形面积的计算方法是边长乘边长。三角形面积的计算方法是底边（a）乘底边对应的高（h），再除以 2。用公式表示：

三角形面积 $S=\frac{1}{2}ah$

计算棱锥的表面积，要先算出棱锥展开图各部分的面积，再把它们相加。

〉算一算

你的旅行指南需要金字塔的数据，所以你需要测算金字塔的各项数据。一号金字塔是三座中最大的，第二大的是二号金字塔，最小的是三号金字塔。

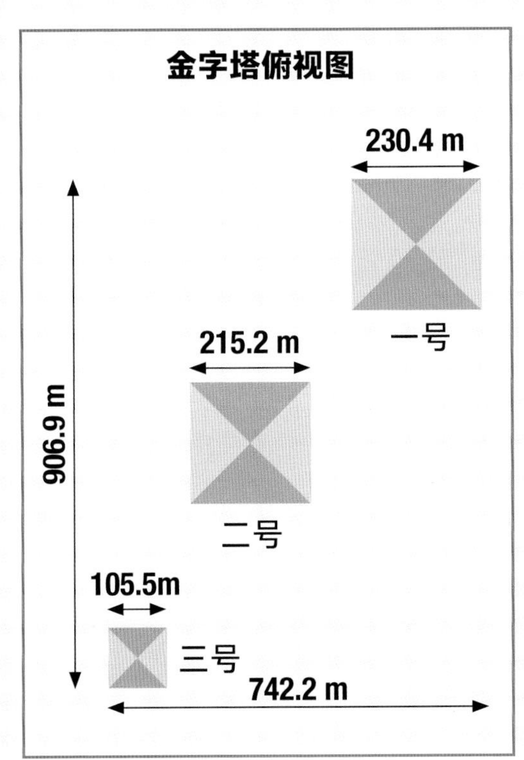

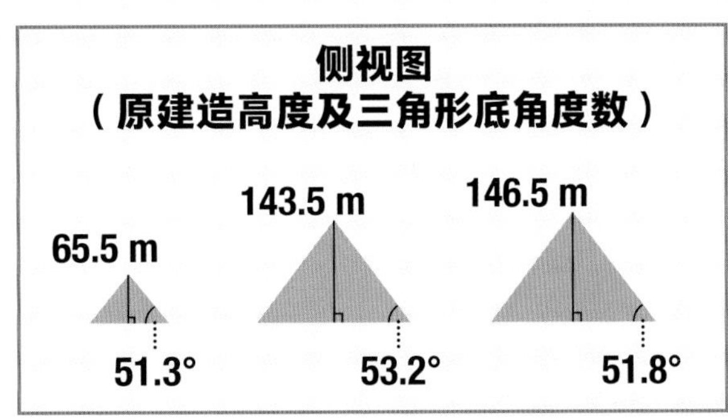

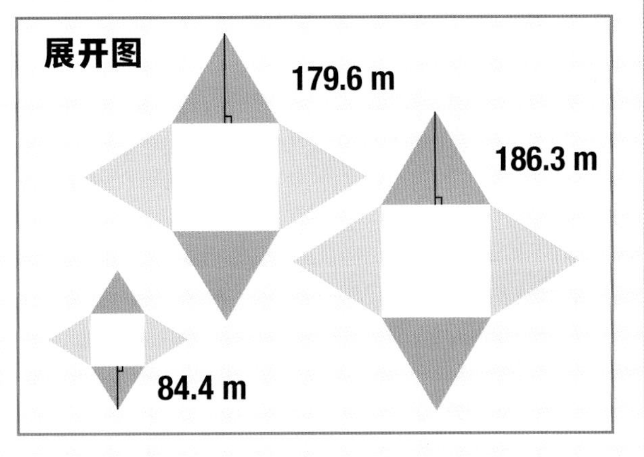

1. 计算每座金字塔的正方形底面的面积。
2. 由于风沙侵蚀，一号金字塔的高度比建造初期降低了 7.7m（米），它现在的高度是多少？
3. 用上图中的原建造高度来计算，二号金字塔比三号金字塔高多少？
4. 计算每座金字塔的表面积。

泰姬陵

你的下一站来到了印度，在这里你要向大家介绍一座美丽的建筑——泰姬陵。泰姬陵前有一个水池，水中倒映着泰姬陵美丽的身影。

学一学 几何变换和对称图形

几何变换是几何图形运动的方法，包括轴对称、旋转和平移。这三种变换不会改变图形的形状和大小。

轴对称就像照镜子一样，将一个图形沿一条直线折叠到直线的另一侧。

旋转是图形绕一个固定的点，按某个方向转动一定的角度。右图中深色的图形按顺时或逆时针方向旋转了 90°。

平移是把图形移动到另一个位置，同时图形不发生旋转或对称变化。平移可以左右平移，也可以上下平移，还可以按其他任意方向进行平移。

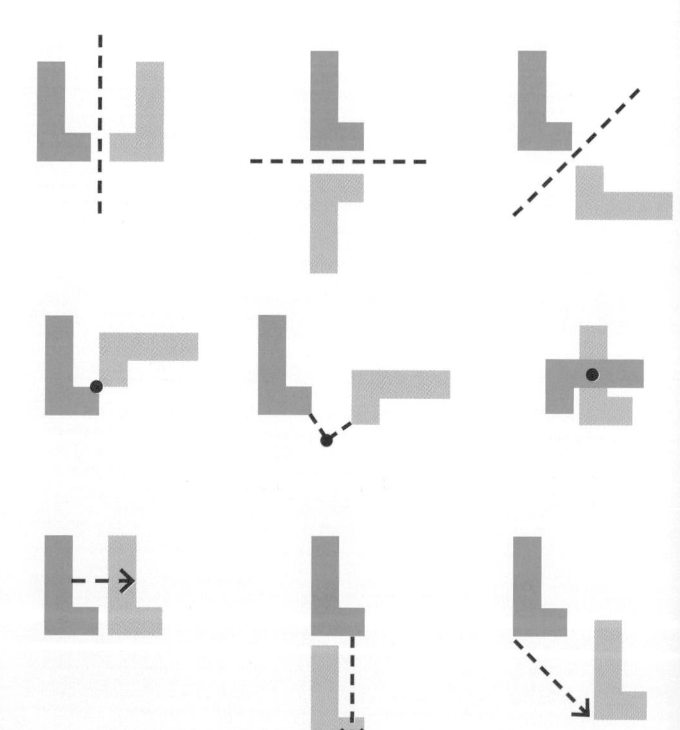

一个图形可以有多条对称轴。正多边形对称轴的数量等于边的数量。一个图形还可以具有旋转对称的性质，旋转对称是指图形绕一个点旋转后能够与原来的图形重合。在旋转 360° 的过程中，图形与原图能重合的次数叫作旋转对称的阶数。

图形	对称轴的数量	旋转对称阶数
	3	3
	4	4
	5	5

〉算一算

在旅游指南中介绍泰姬陵时，你需要描述这座建筑所展现的迷人图案、对称性和几何形状。请观察旅行指南中的这些照片。

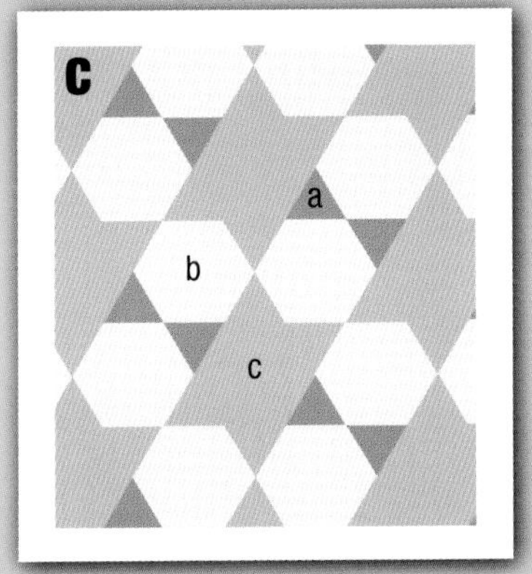

1. 照片 A 中有几条对称轴？
2. 照片 B 中的花纹有重复，它展示了几次平移？
3. 照片 C 显示了由三种不同形状的瓷砖拼成的图案：等边三角形 a，正六边形 b 和另一种图形 c。c 是什么图形？是规则图形还是不规则图形？
4. a、b、c 三种图形各有几条对称轴？
5. 照片 D 中的草坪形状如下图所示。它有多少条边？有多少条对称轴？它的旋转对称阶数是多少？它有多少个直角？

任务3

地球上的瀑布

在旅行指南中，你想介绍一座世界著名的瀑布，但是具体介绍哪座瀑布呢？你需要收集大量的信息和数据，比较后才能做决定。

学一学 比较大小和四舍五入

将 39904，42692，9986，42357 按从大到小的顺序排列，需要如下表所示，将数按数位列好，并从左到右进行比较。如果第一位上的两个数相同，就比较右侧下一位上的数，以此类推。

万位	千位	百位	十位	个位
4	2	6	9	2
4	2	3	5	7
3	9	9	0	4
	9	9	8	6

四舍五入

四舍五入到十位
当个位数大于或等于5时，十位的数值加1，个位变成0。当个位数小于5时，十位不变，把个位变成0。

四舍五入到百位
当十位数大于或等于5时，百位的数值加1，十位和个位变成0。当十位数小于5时，百位不变，把十位和个位变成0。

四舍五入到千位
当百位数大于或等于5时，千位的数值加1，百位、十位和个位变成0。当百位数小于5时，千位不变，把百位、十位和个位变成0。

数	四舍五入到十位	四舍五入到百位	四舍五入到千位
5829	5830	5800	6000
23687	23690	23700	24000
18009	18010	18000	18000

〉算一算

在旅行中，你收集了位于南美洲、北美洲和非洲的五座瀑布的信息，包括瀑布的高度、宽度、年平均流量以及分支数量等。

瀑布名称	所在国家	高度（米）	年均流量（立方米/秒）	宽度（米）	最高分支高度（米）	分支总数
安赫尔瀑布	委内瑞拉	979	14	150	807	2
伊瓜苏瀑布	巴西 / 阿根廷	82	1756	2682	82	275
凯厄图尔瀑布	圭亚那	226	663	113	226	1
尼亚加拉瀑布	美国 / 加拿大	51	2407	1203	51	3
维多利亚瀑布	津巴布韦 / 赞比亚	108	1088	1708	108	1

1. （1）哪座瀑布最高？（2）哪座瀑布流量最大？（3）哪座瀑布最宽？
2. （1）将每座瀑布的高度四舍五入到十位。（2）将每座瀑布的宽度四舍五入到百位。
3. 分别计算伊瓜苏瀑布和尼亚加拉瀑布每分钟（60 秒）的年均流量。
4. 根据高度、流量和宽度的排序给每座瀑布打分，每项的第一名得 5 分，第二名得 4 分……最后一名得 1 分。计算每座瀑布的总分，哪座瀑布是第一名呢？如果再加入表中后两列（最高分支高度和分支总数）的排名分数，它还能得第一名吗？

任务4

中国长城

要想参观接下来的两个世界奇观，你必须来中国——一个遍布名胜古迹的国家。在这里你会见到蜿蜒了数千千米长的世界文化遗产——长城。

在西方，表示大数时会使用千位分隔符，以三个数字为一段，通常用逗号隔开，例如：473,695。而在中国，读数时通常以四个数字为一段。

在 26789 中，四个数字为一段，最左侧的数字 2 所在的数位是万位，因此这个数读作“二万六千七百八十九”。

亿级				万级				个级			
千亿位	百亿位	十亿位	亿位	千万位	百万位	十万位	万位	千位	百位	十位	个位
							2	6	7	8	9

在 55031044 中，从左数第一个数字所在的数位是千万位，所以这个数读作“五千五百零三万一千零四十四”。

亿级				万级				个级			
千亿位	百亿位	十亿位	亿位	千万位	百万位	十万位	万位	千位	百位	十位	个位
				5	5	0	3	1	0	4	4

在 2104030001 中，从左数第一个数字所在的数位是十亿位，因此这个数读作“二十一亿四百零三万零一”。

亿级				万级				个级			
千亿位	百亿位	十亿位	亿位	千万位	百万位	十万位	万位	千位	百位	十位	个位
		2	1	0	4	0	3	0	0	0	1

大数也可以改写成用万或亿作单位的形式。

50000 **5 万**
56000 **5.6 万**
80000000 **8000 万或 0.8 亿**
40000000 **4000 万或 0.4 亿**
1300000000 **13 亿**

〉算一算

在旅游指南中，你需要提供长城的长度信息，以及与游客人数相关的数据。

1. 写出下列各数的读法:（1）明长城的长度。（2）赤道周长。（3）长城的所有分支长度总和。
2. 用万作单位分别表示 2014 年、2013 年和 2012 年各个年度到中国旅游的海外游客数量。
3. 根据长城每年接待海外游客数量的估算值，估算 10 年的游客总数。把你的答案分别按照以下要求写出来:（1）用汉字表示。（2）用阿拉伯数字表示。（3）用万作单位表示。（4）用亿作单位表示。

明长城总长度大约为 8850 km（千米），由 6259 km 的城墙、359 km 的壕堑和 2232 km 的山川等自然天险组成。墙宽约 7m，高度从 5m 到 8 m 不等。

长城的所有分支长度总和大约是 21196 km，比赤道周长的一半（赤道周长为 40075 km）还要长。这张表显示了近年来到中国旅游的海外游客数量：

年度	海外游客数（名）
2014	26360800
2013	26290300
2012	27191600

据估算，长城每年接待 1072 万名海外游客。

兵马俑

在中国，你还可以参观秦始皇陵及兵马俑坑这一世界奇观。兵马俑是从秦始皇陵以东的陪葬墓坑发掘出来的，大约有 8000 件。这些陶俑组成若干纵队，每件陶俑的面部表情都迥然不同。

做三位数乘两位数的乘法，首先你要学会多位数乘一位数（例 1）。还要会做第二个因数是 10 的倍数的乘法，做这种题时要先在个位写一个 0，然后用第二个因数的十位数字与第一个因数相乘（例 2）。

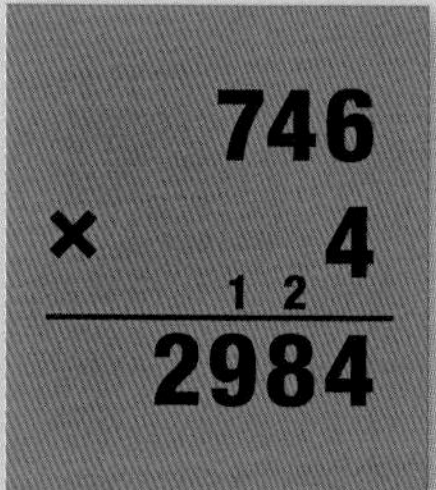

例 1

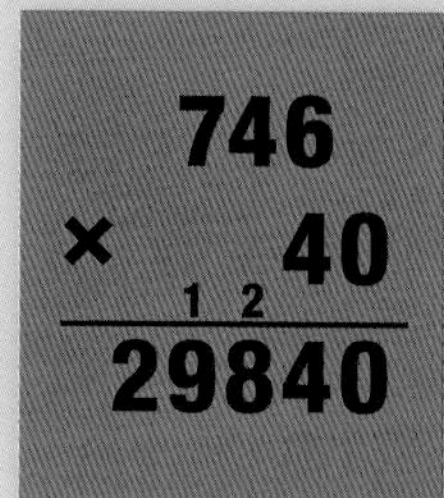

例 2

三位数乘两位数，先用第一个因数乘第二个因数的个位数，再用第一个因数乘第二个因数十位数字的 10 倍，然后将两个乘积相加。右侧是两个例子。

```
   251
×   36
    3
  1506   251 × 6
  1
  753    251 × 30（个位的0不写）
  1
  9036
```

```
   984
×   73
   2 1
  2952   984 × 3
  5 2
 6888    984 × 70
 1 1 1
 71832
```

右侧的示例显示了如何使用除法竖式计算 84690 除以 6。

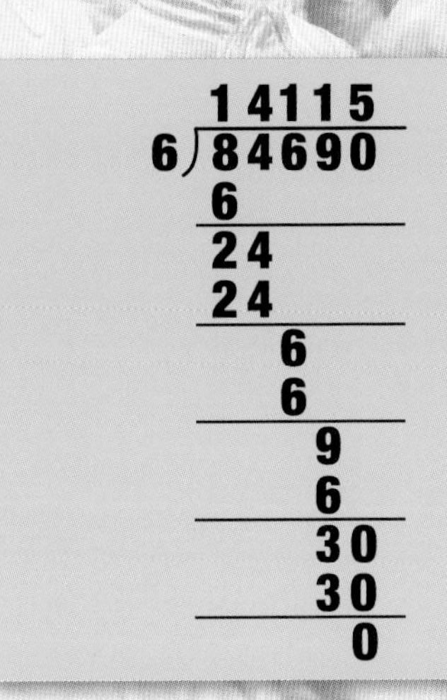

〉算一算

你需要介绍兵马俑坑中士兵的数量和每个俑坑的大小。

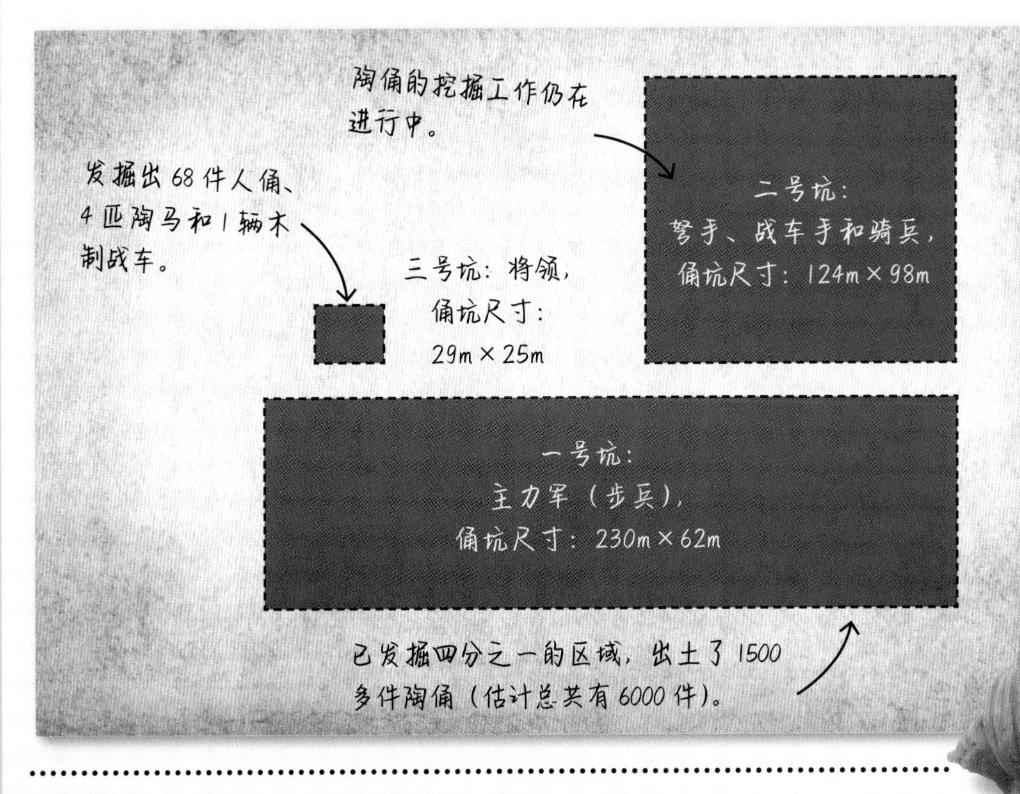

1. 一号坑前部有 3 排士兵，每排 68 位士兵。这里一共多少位士兵？
2. 一号坑还有 9 条坑道，每条中有 4 列 36 排士兵。这里一共有多少位士兵？
3. 分别计算三号坑、二号坑和一号坑的面积。
4. 用除法计算一号坑已发掘的面积（一号坑总面积的四分之一）。

任务6

亚马孙

下一站，你来到了位于南美洲的广袤的亚马孙河及热带雨林地区。亚马孙热带雨林的面积比世界上其他热带雨林面积的总和还要大，在这里生存着各种各样的野生动物。

土地面积通常以公顷为单位。1 公顷等于 10000 平方米，相当于一个边长为 100 米的正方形的面积。

一个标准尺寸的足球场的面积比 1 公顷小一点。

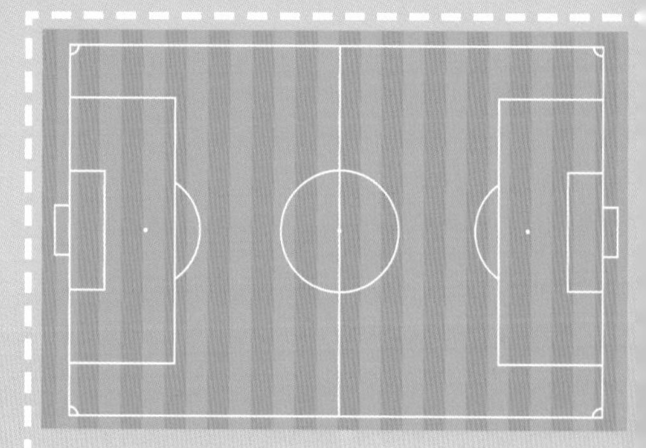

1 公顷

边长为 1 千米的正方形的面积（即 1 平方千米）等于 100 公顷，即 1 平方千米 =100 公顷。

要将一个小数乘 100，只需将小数点向右移动两位。如果是一个整数乘 100 的话，直接在这个整数后边加上两个零，相当于原整数的数位整体向左移动了两位，如下图所示：

	万级				个级				
亿位	千万位	百万位	十万位	万位	千位	百位	十位	个位	
		5	5	0	0	0	0	0	×100
5	5	0	0	0	0	0	0	0	
		1	2	2	5	8	0	0	×100
1	2	2	5	8	0	0	0	0	

亚马孙地区森林的面积是550万平方千米。

5500000 平方千米 = 550000000 公顷，即 5.5 亿公顷。

同样，1225600 平方千米 =122560000 公顷，即 12256 万公顷。

〉算一算

商业性伐木和农业迁移使热带雨林不断受到威胁。你需要介绍有多少森林被砍伐了，森林砍伐率是上升了还是下降了。

下表显示了 1988 年至 2014 年间亚马孙雨林平均每年遭到破坏的面积（单位：平方千米）。

时期（每 9 年为一个阶段）	1988—1996	1997—2005	2006—2014
年均雨林遭破坏面积	17400	19400	8600

1. 1988—1996 年的 9 年间，一共有多少平方千米的雨林遭到破坏？
2. 1997—2005 年比 1988—1996 年年均多破坏多少公顷的雨林？
3. 2006—2014 年比 1997—2005 年年均少破坏多少公顷的雨林？如果以万公顷为单位呢？
4. 计算 1988—2014 年遭到破坏的雨林面积总和（单位：万公顷）。

任务7

南极洲

下一站你将乘船经过高耸的冰山，来到地球上最冷的地方——南极洲。受极端气温影响，游客只能在11月至次年3月南极洲正处于夏季的时候来这里旅游。

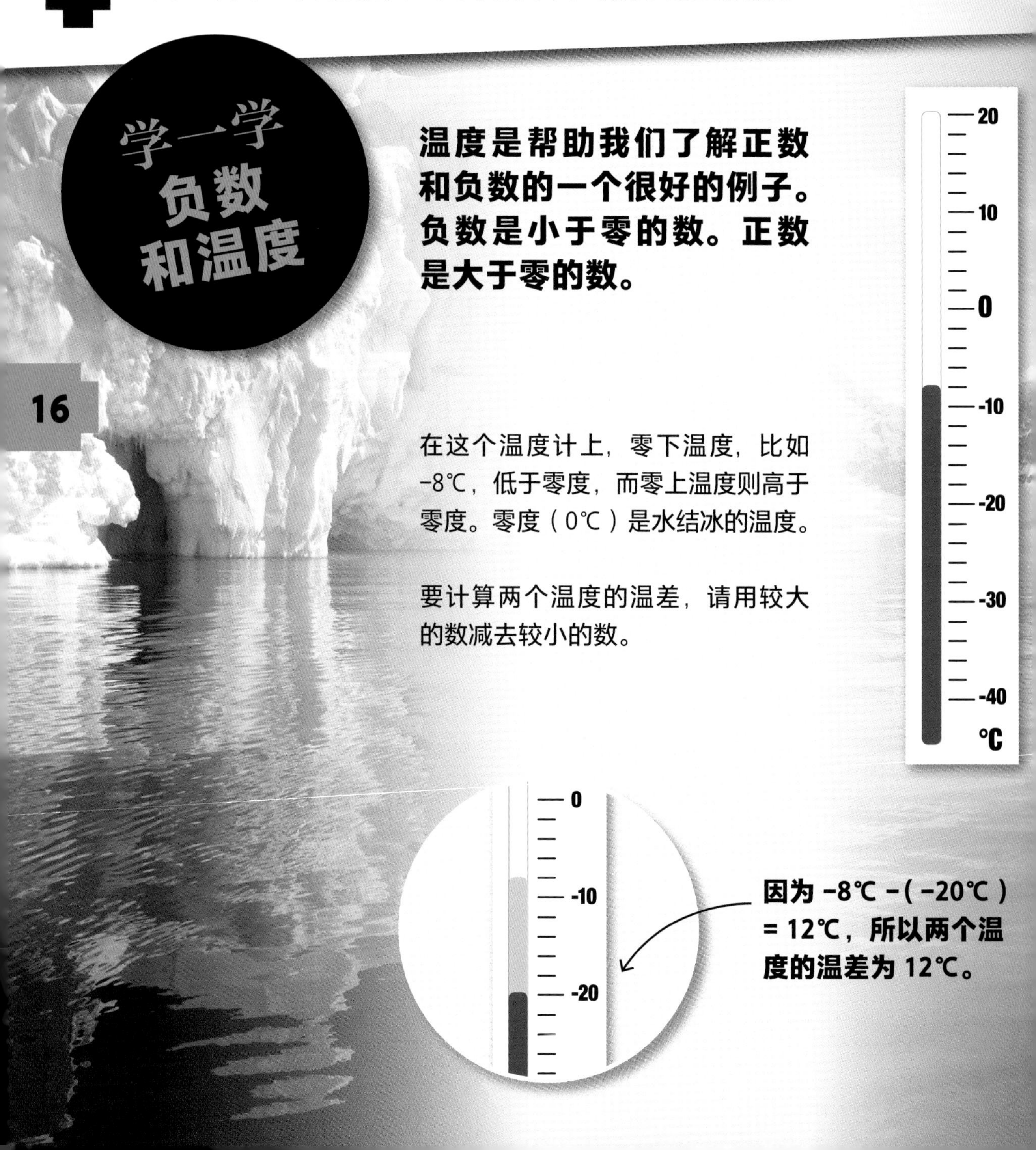

学一学 负数和温度

温度是帮助我们了解正数和负数的一个很好的例子。负数是小于零的数。正数是大于零的数。

在这个温度计上，零下温度，比如-8℃，低于零度，而零上温度则高于零度。零度（0℃）是水结冰的温度。

要计算两个温度的温差，请用较大的数减去较小的数。

因为-8℃-（-20℃）=12℃，所以两个温度的温差为12℃。

〉算一算

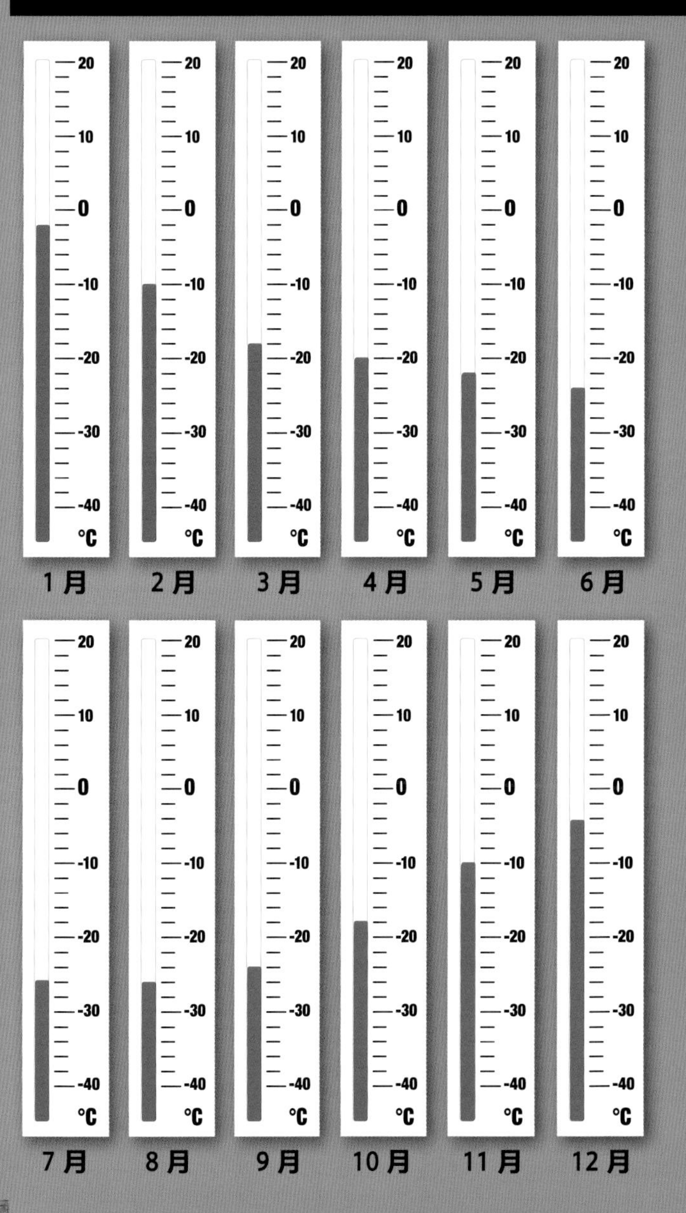

了解一年中不同时间的预期气温，为你的旅行指南提供信息。这些温度计显示了南极洲海岸某地每月的平均气温。

1. 下列月份的平均气温分别是多少度？（1）11月（2）1月（3）5月（4）7月
2. 哪个月份最温暖？
3. 计算：（1）9月比2月冷多少度？（2）3月比11月冷多少度？
4. 将所有月份的气温相加除以12，计算全年平均气温。

任务8

雅典卫城

在希腊雅典，著名的帕特农神庙俯瞰着这座城市，你需要收集并计算这座神庙的数据信息。

在自然界和几何学中，数学家们发现了一个特殊的数，用希腊字母表示为 ϕ，读作 /fai/。

ϕ 约为 0.61803398749894848204586834…… 它还可以表示为$\frac{\sqrt{5}-1}{2}$。

0.618 : 1 被称为黄金比，你在很多地方都可以找到它。它的最佳表现形式是一个宽度为 0.618，长度为 1 的矩形。

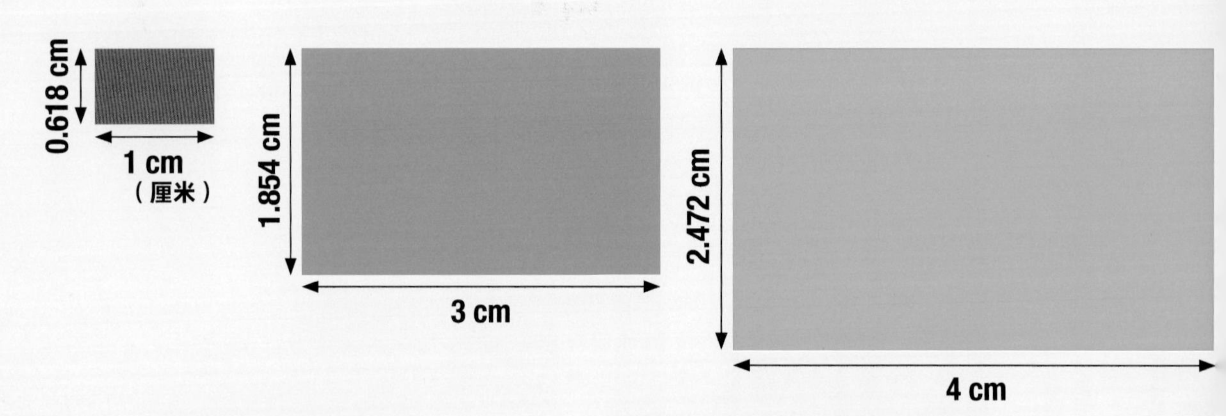

上面每个矩形都符合黄金比，这样的矩形被称为黄金矩形。它们可以被反复分割，形成符合黄金比的新图案。在自然界、艺术品和建筑物中经常可以看到黄金矩形。

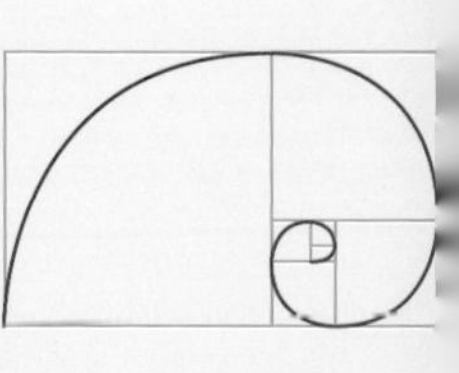

〉算一算

参观帕特农神庙时，你测量出它正面底边的长度是 30 m。

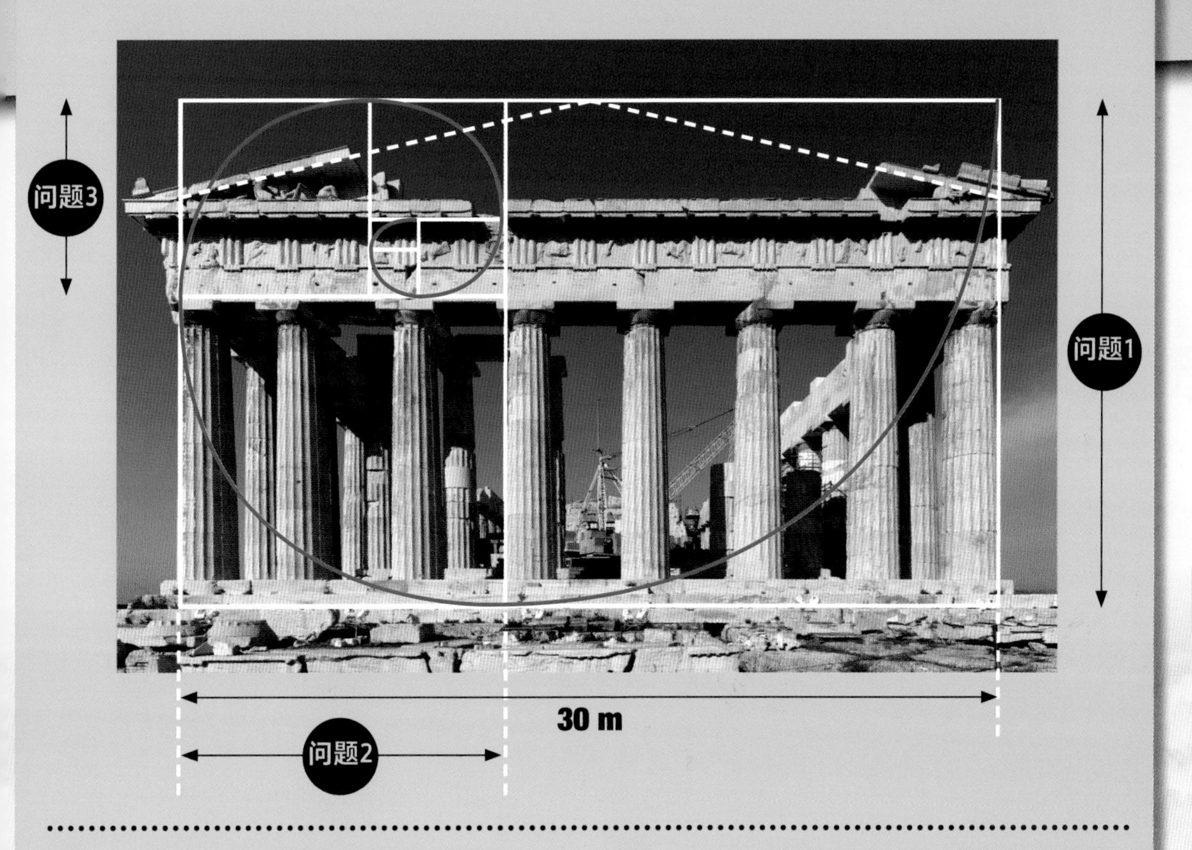

1. 用计算器估算神庙顶的高度，用 30 乘以 φ。
2. 用第 1 题的答案乘以 φ，得出第一根柱子到第四根柱子的距离。
3. 用第 2 题的答案乘以 φ，得出柱顶到原庙顶的距离。

（注意：所有答案保留一位小数。）

任务9

哈利法塔

哈利法塔是世界上最高的摩天大楼，它位于迪拜。关于这座建筑，数学知识可以帮你发现一些有意思的事。

学一学 用字母表示数

在数学中，我们经常用字母表示数，并用含有字母的式子来表示某种数量关系。

如果 T 表示摩天大楼所需水管的总长度，n 表示大楼的层数，已知每层楼所需的水管长度为 615 米。要计算到某一楼层水管的总长度，可以列出以下式子：

$$T = 615n$$

当 n = 20 时，我们可以计算所需水管的总长：

$$T = 20 \times 615 = 12300（米）$$

即需要 12.3 千米的水管。

已知电梯运行的距离 d 和电梯的速度 s，可以用下面的式子计算电梯运行所需的时间 t：

$$t = d \div s$$ 或 $$t = \frac{d}{s}$$

电梯以 6 米 / 秒的速度行驶 78 米所需的时间为：

$t = 78 \div 6 = 13$（秒）

华氏温标与摄氏温标是两大国际主流的计量温度的标准。我们可以用一个式子将华氏度（℉）换算为摄氏度（℃）。

$\frac{5}{9} \times$（℉ $- 32$）$=$ ℃

〉算一算

你需要了解有关哈利法塔的情况，通过计算掌握更多信息。

你到达当天，塔顶的外部温度为 68°F。

哈利法塔高 828 米。

建筑面积 309473 平方米。

它有 162 层，包括若干办公室和 1044 套住宅。

共有 57 部电梯，主电梯上升高度为 504 米。

建筑外部覆盖着 28261 块玻璃板。

哈利法塔的供水系统平均每天供水 946000 升。

1. 使用 $T = 615n$，求出 $n = 162$ 时，水管的总长度是多少米？换算成千米是多少？
2. 使用 $t = d \div s$，计算电梯分别以 6 米 / 秒和 8 米 / 秒的平均速度移动 504 米，需要几分几秒？
3. 你到达当天塔顶的外部温度是多少摄氏度（℃）？

任务10

珠穆朗玛峰

地球上最高的奇观——珠穆朗玛峰，海拔约8848.86 m。你需要爬到山顶，并运用分数和百分数的知识完成你的任务。

整体的一部分可以用分数表示，将“部分”放在分数线的上面，将“整体”放在分数线的下面。

例如，如果你走了总路程 8000 m 中的 2000 m，可以写成分数：

$$\frac{2000}{8000}$$

分数可以约分，约分时用分子和分母同时除以它们的最大公因数。$\frac{2000}{8000}$ 这个分数的分子和分母同时除以 2000 得到分数$\frac{1}{4}$：

$$\frac{2000}{8000} \xrightarrow{\div 2000} \frac{1}{4}$$

$$\frac{2000}{8000}=\frac{1}{4}\quad(\div 2000)$$

在约分过程中，有时候多除几次会更简便。

$$\frac{77}{140}=\frac{11}{20}\quad(\div 7)$$

$$\frac{3540}{8850}\overset{\div 10}{=}\frac{354}{885}\overset{\div 3}{=}\frac{118}{295}\overset{\div 59}{=}\frac{2}{5}$$

分数也可以表示为百分数。将一个分数换算成百分数时，如果分母（下面的数）是 100 的一个因数，就要找出这个因数必须乘多少才能得到 100。然后用分子和分母分别与这个数相乘。

将得到的分数中的分子加上百分号，就可以将这个分数换算成百分数。右边是一些例子：

$$\frac{1}{4} \overset{\times 25}{=} \frac{25}{100} = 25\%$$

$$\frac{11}{20} \overset{\times 5}{=} \frac{55}{100} = 55\%$$

了解三分之一和三分之二换算成百分数是多少也很有用。

$$\frac{1}{3} \approx 33.33\% \qquad \frac{2}{3} \approx 66.67\%$$

〉算一算

在珠穆朗玛峰上的不同高度有几处营地，为你的登顶之旅提供安全的休息场所。你需要在指南中提供信息，说明到达这些地点走过的路程与总路程的比。

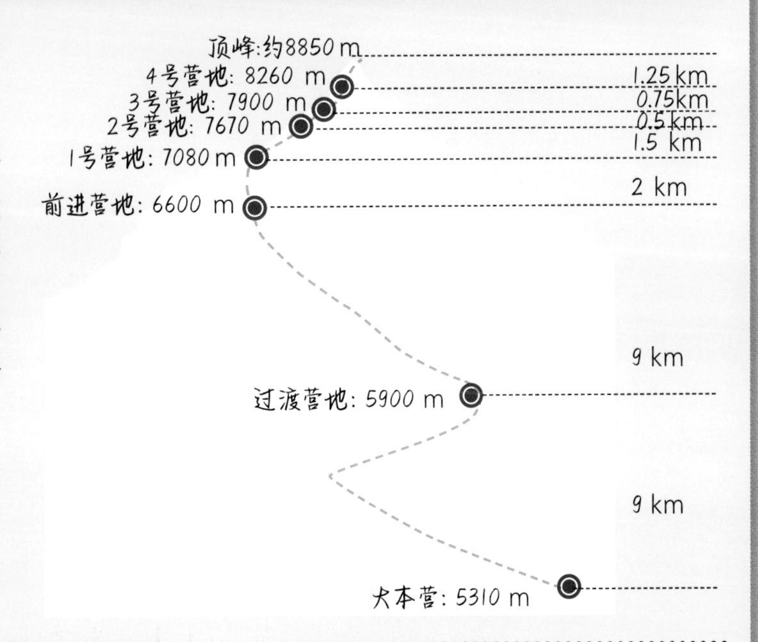

以最简分数回答下列问题。

1. 大本营、过渡营地、1 号营地、2 号营地以及 4 号营地的高度分别是珠穆朗玛峰高度的几分之几？
2. 分别写出大本营、过渡营地、1 号营地、2 号营地以及 4 号营地的营地高度在珠穆朗玛峰高度中所占的百分数。
3. 从大本营到山顶，你一共走了 24 km。分别写出下列路程是大本营到山顶路程的几分之几。（蓝色路线为行进路线）
   （1）从大本营到过渡营地。
   （2）从前进营地到 1 号营地。
   （3）从 1 号营地到顶峰。
   （4）从前进营地到顶峰。
4. 写出从前进营地到顶峰的路程在全程 24 km 中所占的百分数。

任务 11

巨石阵是英国的史前时代遗迹，它是由巨石围成的圆环。你的任务是对它进行测量，并将它的数据写在旅行指南中。

圆的半径是连接圆心和圆上任意一点的线段，它的长度是直径的一半。直径是圆内最长的线段，它经过圆心。

围成圆的曲线的长是圆的周长。

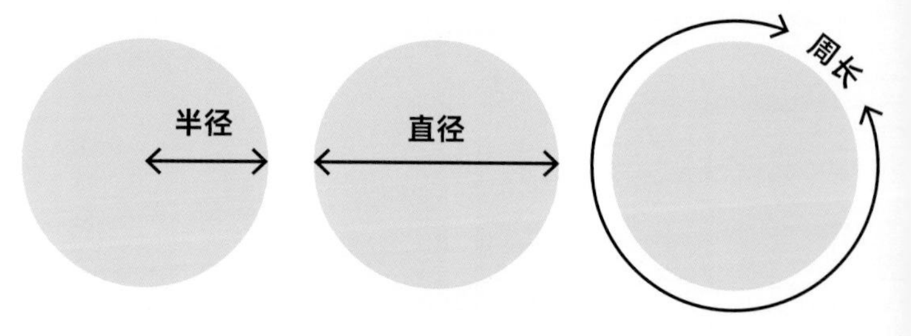

圆的直径和周长之间有一种特殊关联。每个圆的周长都大约是直径长度的 3.14159 倍。我们称这个数字为圆周率，用 π（读作 pài）表示。

我们可以把这种关联写成 $C=\pi\times d$，也可以用半径（直径的一半）来表示 $C=\pi\times r\times 2$。这些公式通常不带乘法符号，如下所示：

$$C=\pi d$$

和

$$C=2\pi r$$

我们可以用 π 来求圆的面积，公式是：面积 = π × 半径 × 半径，通常写为：

$$S = \pi r^2$$

〉算一算

你了解到巨石阵这座古代遗迹是由大小不同的同心圆构成的，如下图所示。下表列出了每个圆的半径近似值。

名称	半径
外白垩堤	56m
内白垩堤	45.5m
奥布里坑环	44m
Y形坑环	27.5m
Z形坑环	20m
萨尔森环外侧	16.5m
萨尔森环内侧	15.4m
蓝砂岩外环	12.1m
马蹄形巨石牌坊	7.7m
蓝砂岩马蹄形内环	6m

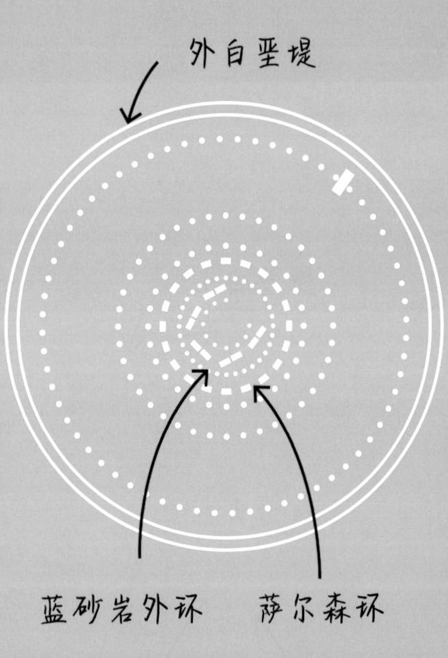

1. 分别计算外白垩堤、萨尔森环外侧、萨尔森环内侧和蓝砂岩外环各个环的直径。
2. 利用第 1 题的答案计算外白垩堤、萨尔森环外侧、萨尔森环内侧和蓝砂岩外环各个环的周长（ π ≈ 3.14 ）。
3. 用计算器计算萨尔森环内侧的面积近似值。

（注释：所有答案保留一位小数。）

任务12

科隆群岛

你的最后一站来到了美丽的科隆群岛（又称为加拉帕戈斯群岛），这里毗邻南美洲海岸，是许多珍稀生物的家园。

学一学 数据处理

看表格时，一定要仔细阅读行标题和列标题。

下面的表格显示了科隆群岛一些生物数量的变化。几个世纪以来，由于人们捕猎动物，以及猫、狗等家养动物的引入，当地动物的数量有所下降。自1970年以来，这里开始了一项动物保护计划，一些生物的数量得以恢复。

年份	估计数量（只）			
	蓝脚鲣鸟	鬣蜥	陆龟	海狮
1600	未知	未知	250000	未知
1830	未知	未知	150000	80000
1900	未知	10000	50000	50000
1970	20000	1000	6000	40000
2014	6400	9000	25000	10000

在下面的折线图中，纵轴上每小格的值可以用 5000 除以 5 求得，因此每小格的值为 1000。要查找某一特定年份的人口数量，从年份向上延伸至红线，然后再向左读取纵轴上的对应值。要找出人口何时达到某一特定规模，从该数向右延伸至红线，然后向下查找对应的年份。

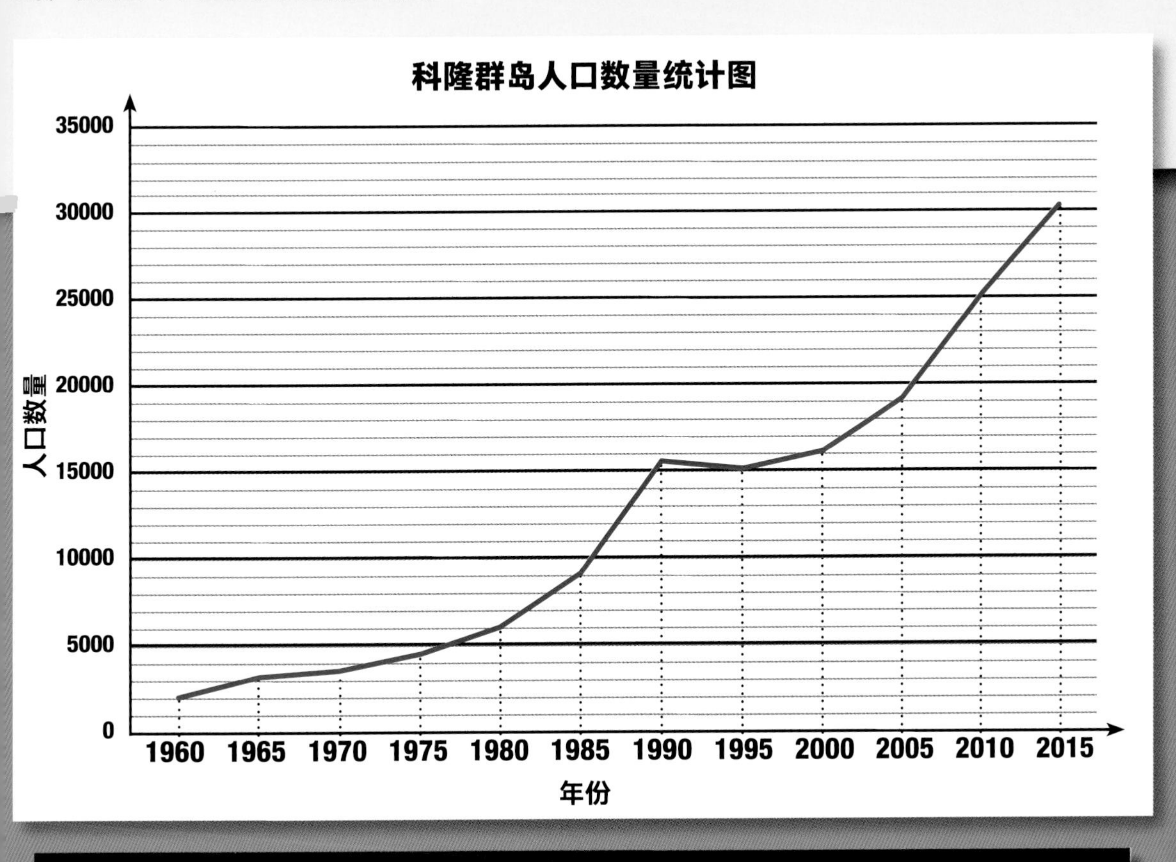

〉算一算

根据以上 2 个图表，找出旅行指南中需要的信息和统计数据。

1. 由于捕鲸者捕食陆龟，在 1830 年至 1900 年间，陆龟的数量急剧下降，请问陆龟数量减少了多少？
2. 厄尔尼诺现象（一种异常暖流造成的气候现象）会严重影响海狮的数量。从 1970 年到 2014 年，海狮的数量减少了多少？
3. 1970 年开始了陆龟的保护计划。从那以后，直到 2014 年，陆龟的数量发生了怎样的变化？
4. 2015 年的人口比 1970 年大约多了多少？

参考答案

4—5 埃及金字塔

1. $230.4 \times 230.4 = 53084.16$（$m^2$）
$215.2 \times 215.2 = 46311.04$（$m^2$）
$105.5 \times 105.5 = 11130.25$（$m^2$）

2. $146.5 - 7.7 = 138.8$（m）

3. $143.5 - 65.5 = 78$（m）

4. $(\frac{1}{2} \times 230.4 \times 186.3) \times 4 + 53084.16 = 138931.2$（$m^2$）
$(\frac{1}{2} \times 215.2 \times 179.6) \times 4 + 46311.04 = 123610.88$（$m^2$）
$(\frac{1}{2} \times 105.5 \times 84.4) \times 4 + 11130.25 = 28938.65$（$m^2$）

6—7 泰姬陵

1. 照片 A 中有两条对称轴。

2. 花纹中展示了两次平移。

3. 图形 c 是一个不规则的六边形。

4. a 有三条对称轴。
b 有六条对称轴。
c 有两条对称轴。

5. 该形状有：
16 条边
16 条对称轴
16 阶旋转对称
8 个直角

8—9 地球上的瀑布

1.（1）安赫尔瀑布的高度最高。
（2）尼亚加拉瀑布的流量最大。
（3）伊瓜苏瀑布的宽度最宽。

2.（1）高度：
安赫尔瀑布——980 米
伊瓜苏瀑布——80 米
凯厄图尔瀑布——230 米
尼亚加拉瀑布——50 米
维多利亚瀑布——110 米

（2）宽度：
安赫尔瀑布——200 米
伊瓜苏瀑布——2700 米
凯厄图尔瀑布——100 米
尼亚加拉瀑布——1200 米
维多利亚瀑布——1700 米

3.（1）1756 × 60 = 105360（立方米）
（2）2407 × 60 = 144420（立方米）

4. 伊瓜苏瀑布以 11 分获得第一名。如果将最后两列包括在内，它仍然会以 18 分获得第一名。

10—11　中国长城

1.（1）八千八百五十千米
（2）四万零七十五千米
（3）二万一千一百九十六千米

2.（1）2636.08 万
（2）2629.03 万
（3）2719.16 万

3.（1）一亿零七百二十万
（2）107200000
（3）10720 万
（4）1.072 亿

12—13　兵马俑

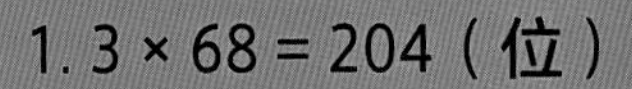

1. 3 × 68 = 204（位）
2. 9 × 36 × 4 = 1296（位）
3.（1）29 × 25 = 725（m^2）
（2）124 × 98 = 12152（m^2）
（3）230 × 62 = 14260（m^2）
4. 14260 ÷ 4 × 1 = 3565（m^2）

14—15　亚马孙

1. 17400 × 9 = 156600（平方千米）
2. 19400 − 17400 = 2000（平方千米）= 200000（公顷）
3. 19400 − 8600 = 10800（平方千米）= 1080000（公顷），即 108 万公顷。
4.（17400 × 9）+（19400 × 9）+（8600 × 9）= 408600（平方千米）= 4086（万公顷）

16—17 南极洲

1. 平均气温：

（1）11 月：−10℃

（2）1 月：−2℃

（3）5 月：−22℃

（4）7 月：−26℃

2. 1 月是最温暖的月份。

3.（1）9 月比 2 月冷 14℃。

（2）3 月比 11 月冷 8℃。

4. 全年平均气温为：

[−2+（−10）+（−18）+（−20）+（−22）+（−24）+（−26）+（−26）+（−24）+（−18）+（−10）+（−4）]÷12=−204÷12=−17（℃）

18—19 雅典卫城

1. 30 米乘以 ϕ 约等于 18.5 m。

2. 18.5 米乘以 ϕ 约等于 11.4 m。

3. 11.4 米乘以 ϕ 约等于 7.0 m。

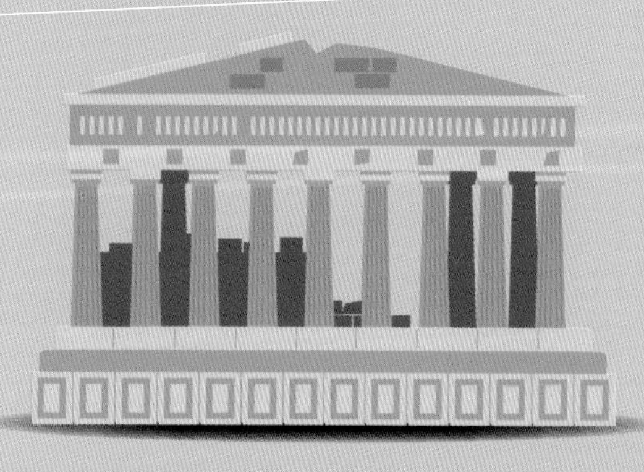

20—21 哈利法塔

1. 162 × 615 = 99630（米），即 99.63 千米。

2.（1）504 ÷ 6 = 84（秒），即 1 分 24 秒。

（2）504 ÷ 8 = 63（秒），即 1 分零 3 秒。

3. $\frac{5}{9} \times (68 - 32) = 20$℃

22—23 珠穆朗玛峰

1.（1）$5310 \div 8850 = \frac{3}{5}$

（2）$5900 \div 8850 = \frac{2}{3}$

（3）$7080 \div 8850 = \frac{4}{5}$

（4）$7670 \div 8850 = \frac{13}{15}$

（5）$8260 \div 8850 = \frac{14}{15}$

2.（1）60%（2）约 66.7%

（3）80%（4）约 86.7%

（5）约 93.3%

3.（1）$9 \div 24 = \frac{3}{8}$

（2）$2 \div 24 = \frac{1}{12}$

（3）$4 \div 24 = \frac{1}{6}$

（4）$6 \div 24 = \frac{1}{4}$

4. $6 \div 24 = \frac{1}{4} = 25\%$

24—25 巨石阵

1. 外白垩堤直径：
   $56 \times 2 = 112$（m）
   萨尔森环外侧直径：
   $16.5 \times 2 = 33$（m）
   萨尔森环内侧直径：
   $15.4 \times 2 = 30.8$（m）
   蓝砂岩外环直径：
   $12.1 \times 2 = 24.2$（m）

2.（1）$112 \times 3.14 \approx 351.7$（m）
  （2）$33 \times 3.14 \approx 103.6$（m）
  （3）$30.8 \times 3.14 \approx 96.7$（m）
  （4）$24.2 \times 3.14 \approx 76.0$（m）

3. $3.14 \times 15.4 \times 15.4 \approx 744.7(m^2)$

26—27 科隆群岛

1. $150000-50000=100000$（只）

2. $40000-10000=30000$（只）

3. 增长了。
   $25000-6000=19000$（只）

4. $30000-3500=26500$（人）

图书在版编目（CIP）数据

“算出”数学思维 / (英) 安妮·鲁尼 , (英) 希拉里·科尔 , (英) 史蒂夫·米尔斯著 ; 肖春霞等译 . --福州 : 海峡书局 , 2023.3

ISBN 978-7-5567-1033-1

Ⅰ . ①算… Ⅱ . ①安… ②希… ③史… ④肖… Ⅲ . ①数学—少儿读物 Ⅳ . ① O1-49

中国国家版本馆 CIP 数据核字 (2023) 第 018758 号

著作权合同登记号　图字：13—2022—059 号

GO FIGURE series: a maths journey around the wonders of the world

Text by Hilary Koll and Steve Mills

First published in 2015 by Wayland